敦煌
心灵之旅

人生真谛，原来触目皆是

# 舍己为人

净因法师 主编

商务印书馆国际有限公司

**图书在版编目（CIP）数据**

舍己为人／净因法师，邓伟雄编著．—北京：商务印书馆国际有限公司，2010.10（敦煌心灵之旅）

ISBN 978－7－80103－678－0

Ⅰ.①舍… Ⅱ.①净… ②邓… Ⅲ.①人生哲学－通俗读物 Ⅳ.①B821－49

中国版本图书馆 CIP 数据核字（2010）第155721号

图字 01－2010－1931 号


SHE JI WEI REN

# 舍己为人

商务印书馆国际有限公司出版发行

（北京市东城区史家胡同甲24号　邮编　100010
电子信箱：cpinter@public3.bta.net.cn）

编　　著：净因法师　邓伟雄

策划编辑：温　暄

责任编辑：温　暄

全国新华书店经销

发行热线：（010）65598498　电话、传真：65234023

编辑部电话：（010）65227580

北京京都六环印刷厂印刷

字数：56千字

开本：889×1194mm　1/32　　3.375 印张

2010年10月北京第1版　2010年10月北京第1次印刷

定　　价：19.80 元

如有印装质量问题，请与我公司联系调换。

# 写在出发之前

有一天，阎罗王正在分发小鬼们投胎做人的去处。猴子看见了，也求阎罗王让它投胎做人。阎罗王说："你全身毛茸茸，怎去做人呢？"猴子说："把我的毛拔光，不就成了？"阎罗王拗不过猴子，只好答应。当阎罗王为猴子拔出第一根毛，它便痛得一溜烟跑掉。阎罗王叹道："连一根毛也舍不得，怎有资格做人？"日常生活中，不少人和猴子一样，一毛不拔，不肯与人分享。诚然，财富获得不易，又是我们赖以生存的基础，珍惜自己所拥有的，也情有可原，关键是如何才能最大限度地发挥自己拥有的（包括生命），以益自己、他人和社会，这正是本书四个故事要解决的问题。

不少人视钱如命，然而，一旦生命受到威胁，人们便会放下所谓的事业，不惜一切代价以求活命。由此可见，生命才是世间最珍贵的。从古人求仙访道到今人想延年益寿，同样在追求永恒的生命。然而，即使多活五百年，与漫长的历史长河相比，人的一生还是显得如此短暂。更何况，时间的长短只是观念中的感觉与执著。与其十年、二十年、五十年，甚至一生庸庸碌碌、畏畏缩缩，倒不如用一年、一月甚至一天活出意义。换言之，生命不在乎长短，只要活得有意义；只要生命曾经绽放出光芒，这一生就已经值得。

明白这道理，萨埵太子舍身救虎的壮举就不难理解了。一个人如果为了众人的利益，连生命都愿意奉献，他还有什么不愿意贡献的呢？须大拿太子布施给真正需要的人，快目王为使盲人复明而献出一双明目，尸毗王割肉救鸽，完全出于对苦难众生的悲悯，别无他求。在今天，有人捐出肝、肾等器官以救活亲友或他人性命，有人愿意在身后捐赠眼角膜或者各种器官，使更多人获得新生，这与快目王和尸毗王的精神是一脉相承的。这种舍己为人、勇施无求的精神，一直激发着人们善加利用自己的资产、才智乃至生命，为社会、为人群多做有益的事。

净因

# 目录


写在出发之前 / 5

第一站

须大拿太子无尽施舍 / 11

太子出游·悲悯的心灵

太子答应婆罗门所求·行善的智慧

国王惊悉太子施象·勇于承担的心灵

曼坻誓与太子同行·挚情的心灵

太子施舍车马衣服·心灵的福乐

天主帝释变出城廓

太子抵达深山·知足的心灵

丑婆罗门求施舍奴婢·博爱的心灵

太子施舍妻子·豁达的心灵

太子儿女被卖回国·舍与得的智慧

寓意

壁画艺术导赏

第二站

萨埵太子舍身饲虎 / 41

三位王子出游 · 心灵的境界

下山见饿虎 · 悲悯的心灵

观身不净，决意舍身 · 善用生命的智慧

虎无力食其肉 · 祥和的心灵

舍身救虎　以求菩提 · 为善的心灵

尸骨遍地　二兄哭号 · 心灵的挚情

痛失爱子　悲哽苦恼 · 超越的心灵

起塔供养　永作佛事 · 无私的心灵

寓意

壁画艺术导赏

第三站

尸毗王割肉救鸽 / 65

天主帝释考验尸毗王·居安思危的智慧

尸毗王答应救鸽·见诸苦难的心灵

尸毗王割肉代鸽·慈悲的心灵

称量身肉以抵鸽重·守诺的心灵

尸毗王誓言无悔舍身·无私的心灵

寓意

第四站

## 快目王施眼 / 81

快目王开库施舍·实事求是的智慧

盲婆罗门乞眼·智慧的心灵

快目王答应施眼·健康的心灵

守诺尽施双眼·诚信的心灵

寓意

## 经文锦囊 / 88

舍己为人 | 第一站

# 须大拿太子无尽施舍

须大拿太子乐善好施，开国库施舍钱财，有求必应，令大臣们忧虑，当他把国宝神象也施舍给敌国后，更令国王震怒，惩罚他流放深山苦修反思。在流放期间，他甚至连自己的妻儿也布施出去，这是常理无法解释的。他的行为有没有意义呢？

* 故事出自《太子须大拿经》，标示于各情节段落后的编号与“经文锦囊”部分对应。

# 太子出游

叶波国国王独子须大拿聪颖过人，骑射礼乐诗书无不通晓，从小有菩萨心肠，常行布施。

十六岁时，国王为他选配了邻国品貌出众的曼坻公主为妃，婚后诞下一子一女。

有一天，太子出城游玩。天主帝释趁机下凡，变成一群又聋又哑又盲的乞丐在路上行乞。太子看见了，游兴全消。

回宫后，他整天想着乞丐的苦况而忧愁嗟叹，请求国王将宫中珍宝放到四城门外和街市中，施予有需要的人。人们得悉太子施舍，都不远千里而来，各取所需。这事给敌国国王知道后，心生一计，图谋不轨。 1.1

悲悯的心灵

世界上总有比我们悲惨的人，
见到别人的苦难而生同情心，
佛家称之为“悲心”。
有能力为别人服务，
比无能力而要接受他人的服务更有福气。

## 须大拿太子出游

北周 · 莫高窟第428窟

太子准备骑马出城游玩，在宫门前向国王挥手告别。

## 敌国派人求索珍宝

北周·莫高窟第428窟（修复）

敌国得悉须大拿太子布施珍宝，便派人前往叶波国找太子，实行他们的奸计。画师把这些由敌国派来的人绘得像市井无赖，大吵大闹，嚣张猖狂，形象生动。

# 太子答应婆罗门所求

原来，敌国国王得悉太子施舍，更扬言有求必应，立刻想到这是夺取叶波国神象的大好机会。这匹神象，力大无穷，是战争中的皇牌。他颁告全国，向须大拿太子成功索象的人可得厚赏，八个婆罗门接受了这项任务。

婆罗门拄着拐杖，走到宫门外哭求施舍。太子出宫迎接，知道他们是来求象代步，便领他们到象厩任其挑选。八个婆罗门道明来意，指定要索取神象。太子想到国王视这神象为命根，当下心感为难，但转念一想，自己立志布施，对别人所求不应拒绝。于是，太子命令侍从牵出神象，配了金鞍交给婆罗门，又嘱咐他们尽快离开，否则被国王发现，必会派兵追回神象。 **1.2**

**行善的智慧**

为善之心，人皆有之，
但善心被心术不正之徒滥用，便成了伤心。
所以行善之人若无智慧做导航，往往成了好心的傻瓜。
慈悲是救世的泉源，但无智不成大慈悲，
有了智慧才能发挥无穷的毅力与慈悲。

**经典智慧：** 太子即自惟念：我前有要愿。在所布施不逆人意。今不与者违我本心。若不以此象施者。何从当得无上平等度意？听当与之以成我无上平等度意。

## 婆罗门骑象离去

北周 · 莫高窟第428窟（修复）

婆罗门求得神象，一同骑象回国。他们手舞足蹈，扬扬得意，似在庆幸阴谋竟然轻易得逞。

# 国王惊悉太子施象

国王从大臣口中惊悉太子连神象也施舍掉，激动得昏了。大臣非议太子毫无节制地施舍，势将掏空国家库藏，这次竟把保卫国家的神象也给了敌国派来的人，更是罔顾国家的存亡。

有大臣提出按国法以酷刑、甚至死刑处罚太子。此时，一位大臣反对众议，认为国王只得一子，判太子流放深山荒野思过十二年，已是恰当的处罚。国王于是罚令太子到檀特山思过，并责问太子为何擅作主张施舍神象。

太子答："国王承诺布施珍宝，为何独神象例外？"他愿意遵从父命到山中十二年，唯求准许他临行前再行七天布施，将个人财产全部施舍给穷人。七天后，太子的财产便施舍净尽。 **1.3**

勇于承担的心灵

古人云："忠孝不能两全"，同样，当理想与自身的利益发生冲突时，往往很难取舍判决。当国王和大臣以国家利益为最高考虑时，太子自然难逃处罚。太子知道理想一时无法得到国王和大臣的接受，于是勇于面对现实，心甘情愿承担责任，自愿流放苦行。

反观今日的一些年轻人，受不得半点委屈，当所作所为无法得到别人理解时，便怨天尤人，轻则委靡不振，消极对抗，重则以死抗争，酿成不少人间悲剧。

## 太子进山前的七日布施

北周 · 莫高窟第428窟（修复）

画面下方绘太子站在屋前，屋内堆放着一捆捆布帛，他面前一人捧衣躬身致谢。在上方的山峦间，已得布施的两人各背着大包，另一人出迎，伸手喜接包裹。这是描绘穷苦百姓得布施后兴奋万分。

# 曼坻誓与太子同行

太子向妻子曼坻解释施舍神象始末，又告诉她自己被罚流放深山十二年。太子恐她惯享高床暖枕、华衣美食，不能适应与猛兽同处、日晒雨淋的艰苦生活，力劝她留在宫中。但曼坻坚持与太子同甘共苦，誓死相从。太子对她说，若将来有人再求施舍，他一样会有求必应，甚至舍去子女也在所不惜，曼坻认同太子施舍慈心，当下应允。临行前，王后见骨肉离去，万般不舍。百姓也纷纷出城送别这位仁心仁德的太子。太子出发后，又把由后妃大臣送赠的珍宝财帛全部施舍。 **1.4**

挚情的心灵

恋人踏上婚礼的圣堂，两个人的命运便紧紧地连在一起，不论是福是祸，是甘是苦，都是属于夫妻双方了。夫妻能否患难与共，白头偕老，关键在于能否及时把爱情转化成感情，再升华成真情。爱情如鲜花，美丽动人，但受不起暴风雨的考验；感情如小草，无论种在哪里，都会生长，生命力极强。若婚后无法把爱情及时转化成感情，一旦在生活中遇到不测风云，就可能将爱情之花连根拔掉。反之，夫妻就能长相守，不相疑。“疾风吹劲草，患难见真情”，志同道合是感情的基础，逆境则是把感情升华成真情的催化剂。太子乐善好施，获曼坻公主的认同，是她自愿追随受苦的关键。

**经典智慧：** 曼坻言：“……王者以幡为帜，火者以烟为帜，妇人者以夫为帜……”

## 太子辞别

隋 · 莫高窟第419窟

这是另一幅须大拿太子故事的壁画。在几幅同题材的故事画中，以本窟绘出的情节最齐。本部分可见太子、曼坻和一对儿女下跪，向国王揖拜辞别。殿中只见国王，没有绘出王后。画面上部臣民相送。

## 太子与妻儿出发往深山

隋·莫高窟第423窟

这是另一幅须大拿太子故事的壁画。全图用山峦把画面划分为几组。这组情节由左至右：屋内太子妃曼坻誓与太子同往深山，中间两层殿宇中是太子夫妇辞别父母，宫门外是大臣百姓列队送别太子一家四口，最右面是太子骑马、妻儿乘车起程。几个场景同绘于一座宫廷建筑中，别出心裁。

# 太子施舍车马衣服

太子一家四口骑马乘车向深山进发，走了很久，他们都累了，便在树下休息。

这时，几个婆罗门前来向太子求马，太子想也不想便把马施舍了，然后自己拉车、曼坻推车，继续上路；走不了多久，又有婆罗门向他们求车，太子立刻再把车施舍了。

不一会，路遇一个婆罗门求乞，太子说已没什么可以给他了。婆罗门便说要他身上的衣服，太子脱下华丽的外衣递给他，后来连曼坻和子女的衣服亦逐一施舍掉。这时候，他们虽已一无所有，却心中无悔。太子夫妇背着儿女，高高兴兴地相随入山。 **1.5**

心灵的福乐

钱财本是身外物，
身外之物当然就有聚散的时候。
施比受更有福，
真正的快乐，是施舍出去后的那份清净、安详与喜悦。

经典智慧：太子布施车马钱财衣被了尽，初无悔心大如毛发。

## 婆罗门乞求衣服

北周·莫高窟第428窟

太子一家四口出发时原有马匹和车辆代步，但画面中两小儿女骑在太子和曼坻肩上，表示马和车沿途已一一施舍给求马求车的婆罗门。这时，又有婆罗门来求衣，太子再把衣服欣然递上。右上角绘画了挑衣的婆罗门，扬手的姿态似是庆幸再一次得手。

# 天主帝释变出城廓

上山的路漫长，他们历遍旷野大泽，
粮水渐尽，天主帝释见他们艰苦，于是变化出城廓闹市，
城里衣食、伎乐、奴婢一应俱全，仆僮劝他们留下。
但太子说：“父王命我往山上思过，违命非孝子所为。”
于是穿城而过。
又走了多日，他们来到山下的河边，
大河阻截了他们的去路。
曼坻见河水汹涌、深不见底，
提议先留几天等河水退却，但太子谨遵父命坚持渡河。
这时奇迹出现了，
河里突现山石，
像一道堤堰般把水流截断，让太子一家安全地走过对岸。
过河后，太子想到如果河水截流，便会引致下游的居民缺水，
于是回头对着河说：“请让河水回复原状，
但如果将来有人渡河，
请再像刚才那样，让他们得以渡河吧。”
说罢河水复流。 **1.6**

## 太子过城不留

北周·莫高窟第428窟

在城廓的房舍门前，有弹琴和拨箜篌的乐伎迎接。但太子和曼坻背着儿女，摆手示意拒绝入室，继续前行。

# 太子抵达深山

他们千辛万苦，终于到达檀特山。

这儿峰峦连绵，树木繁茂，百鸟争鸣，清泉流淌，花果满枝，珍禽异兽出没其间。太子知道山上有修行仙人，便携妻儿前往拜见，得仙人指示安顿了下来，以柴草搭了三座草庐，太子便在那儿结发思过和静修，以瓜果为食，穿草衣兽皮。

百兽与太子一家，在山中和谐共处。曼坻每天外出采摘鲜果，只有六七岁的儿子和女儿整天跟野兽在水边玩乐，不用父母看管。

有一次，儿子骑到狮子身上跟它玩耍，当狮子一跃而起，他摔倒在地受伤了。猕猴看见，便立刻取了树叶为他拭血，又带他到河边清洗伤口。太子遥遥看见，有感而发地说：“禽兽也是有情有义啊！” **1.7**

知足的心灵

人生在世，
一切物质只是让我们在日常生活中方便利行。
因此，对物要心存感恩、爱惜及知足。
如此，生活在人间就会处处感到心安意足，
时时觉得欢喜快乐。

# 山居生活

太子一家在山中搭建草庐静修。图下见山峦溪涧，小儿女正与猴鹿等野兽玩耍。

北周·莫高窟第428窟（修复）

# 丑婆罗门求施舍奴婢

另一边厢，有一位样貌奇丑的穷婆罗门，娶了个漂亮的妻子。妻子每到井边打水，便遭流氓调戏，嗤讽她嫁了个丑八怪。妻子埋怨婆罗门，逼他买奴婢代劳，更以死相胁。这个婆罗门一贫如洗，唯有遵从妻子的意思去找须大拿太子。

婆罗门上山寻见太子，央求太子施舍儿女给他做奴婢。太子心里不舍，但想到婆罗门远道而来，而且自己有布施的诺言在先。于是，他命令一对儿女随婆罗门去。两个孩子见到丑婆罗门，吓得以为是鬼捉他们去吃，号哭着哀求太子。但太子心意已决，只好把他们捆绑起来，交给婆罗门。

孩子不肯走，婆罗门拿起长鞭抽打驱赶，太子看见心如刀割，眼泪潸潸而下，众禽兽亦不舍小儿女，沿路相随。 **1.8**

博爱的心灵

骨肉之情，人间最重。太子施子女的事实说明，
他对骨肉之爱并未少一分，而是他对众生的爱更多。
突破小范围的爱，将爱心普及一切众生，
视众生的苦痛如自己的苦痛，这是佛教所倡导的博爱。

**经典智慧：**太子语儿言：“天下恩爱皆当别离，一切无常何可保守？！”

## 婆罗门妻打水遭调戏

隋 · 莫高窟第419窟

婆罗门妻子到井边打水，被两个少年调戏，下面画婆罗门被迫外出买奴婢。

# 太子施舍妻子

曼坻在山中采果，预感灾难将至，急忙返回。
但帝释为成全太子施舍的善心，化作狮子阻挠。
曼坻回家后，不见儿女，急得快要疯掉，
多番追问，太子才告诉她已把儿女施舍给婆罗门。
曼坻痛不欲生，啼哭不止。
太子苦言相劝，并重提当年上山前，
曼坻曾答允顺从他任何施舍的决定，曼坻只好认命。
帝释欲试太子的诚意，也变作婆罗门求索曼坻，太子亦答允。
此时，帝释现出真身，
把曼坻归还太子，并许他们三个愿望。
曼坻便说："一是婆罗门把子女卖回祖国；
二是子女不愁饥渴；三是让他们一家四口尽快回国。"
帝释答应他们所求。 **1.9**

**豁达的心灵**

对人生想得透彻一点，
没有一件东西可以永远与我们为伴。
再亲爱的人、再多的财物，也终有离别聚散的时候。
所以，又有什么东西是舍不得的呢？

# 狮子阻曼坻返家

曼坻赶返家中时，遇上由帝释所变的狮子。上部绘出曼坻返家不见儿女，呼天抢地。

北周 · 莫高窟第428窟（修复）

# 太子儿女被卖回国

丑婆罗门的妻子看见带回来的是两个小孩，不会做家务，又难忍奴役之苦，便大骂婆罗门，要他把孩子卖掉，再买一个勤快的回来。帝释因曾答允曼坻实现她的愿望，便令到婆罗门把孩子带返叶波国的街上出卖，国王知道消息后，派人赎回孙儿。

国王问孩子山中的生活情况，他们说衣食虽粗，却过得怡然自得。当时，距十二年流放太子之期尚有一年，但国王念子情切，派人接太子夫妇，太子却拒绝提早出山。国王于是亲自写信，太子接信后终答允回国。

敌国得知太子返国，有感他慈善为怀，决定归还神象，并送上金银珠宝谢罪。太子心领，仍把神象送给邻国，从此两国修好，化敌为友。 *1.10*

**舍与得的智慧**

同样一个“得”字，有“舍得”，也有“得失”两种完全不同的心境。有智慧的人就能够舍，能“舍”也就能“得”，得到无限的快乐；不能“舍”就会有“失”，失去了心境的安宁。太子为了自己的理想而毫无保留地舍，但最终他得到更多：父亲的原谅、家人的团聚、邻国化敌为友。

## 太子儿女重返王宫

隋·莫高窟第419窟

画中可见两座建筑，右面一座绘丑婆罗门带着太子的儿女返家，却被屋内的妻子责骂；左面则是丑婆罗门把孩子卖到皇宫，殿内国王喜与孙儿重逢。

# 寓　意

古人云："祸兮福所依，福兮祸所依。"祸即是福，福即是祸，祸福不二。这就是佛法上所讲的"不二法门"。

众所周知，高洁的莲花是从污泥中长出来的。换而言之，没有污泥，就没有莲花。从这种意义上讲，污泥即是莲花，莲花即是污泥。两者之间的关系看起来是两种完全不同的东西，但实质上，二者如同一个硬币的两面，紧密相连，无法分离。

同样，太子的"失（舍）"与"得"也是不二的。他布施了钱财、神象、身上的衣服，甚至妻儿，但他最终得到的是父亲的体谅、敌国的友善，还有心灵的清净、安详与喜悦。

# 壁画艺术导赏

第423窟　须大拿太子故事图

## 隋代壁画巨制的代表作

敦煌石窟的隋代壁画，就像隋代传世纸绢上的绘画一样，是上承南北朝而下开李唐的风格。这时期的绘画很有独特性，它较北魏华美，但与唐代绘画之典丽相比，却又不如，此铺须大拿太子故事壁画，可以作为由南北朝画风过渡至李唐风格的代表作品。

这铺壁画结构十分复杂，基本上由上方由左至右，然后转下方由右至左，一共描写了二十六个情节，人物众多，情节用起伏的山峰作间隔，布局庞大而绵密。这种构图在唐以后就不多见。

整铺壁画人物描绘有近于北魏与西魏的造型风格，但是在用

第423窟　须大拿太子故事情节发展示意图

笔上，已由雄豪而走向细腻，开始见细笔勾写痕迹。所绘妇女的衣饰，更近唐风，与唐人周昉、张萱所绘的仕女比较，虽然壁画上的妇女近于写意，而唐画仕女则为工笔细描，但两者神韵，却仍有相通。

壁画中的建筑物是整座的楼阁城堡，在隋代以前的壁画中很少见，但和人物对比起来，它们就像是一个个大模型。这种楼阁城堡的写法，到了唐代依然没有多大改变，只是写得较为细致。这类例子不单在唐代的壁画处处可见，现于伦敦及巴黎所存的敦煌出土的经卷，在经卷后面空白处或经卷背面的白描画稿，也绘有不少人在其中的城楼堡垒，画法也和这铺壁画差不多。到了宋代

**须大拿太子故事图**

隋 · 莫高窟第423窟

及西夏时代的壁画，才有了改变，楼阁城堡写得合比例及工细得多了。

用来分隔各组故事情节的山峰，像隋唐壁画一样，都是直接以颜料涂绘，用的是没骨法，但和前代不同的是，色彩变化丰富得多了。山峰有青、蓝、红等颜色，青与蓝色层叠成峰形，是唐代大青绿山峰画法的雏形，而峰与峰之间的树木，写得也各具姿态，树上有不同形状的树叶，比起前代的画法，亦更精细、更进步，显示出树木等山水部分在壁画中，所占的重要性越来越大。这一情况，发展到唐以后，在山水画中的山石和树木，就成为了同样重要的两种事物。

这幅须大拿太子图属于连环

画，故事情节颇多，而画工又把各个情节一一画出来，是结构宏大、复杂的庞然巨制，令观赏者印象深刻，每一情节不厌其详地把细节一一描绘出来，使它在敦煌壁画中占了一个很独特的地位。但在人物形态的描写上，却不免雷同而欠缺感染力，把人物与树木的描绘方法相比，树木的描绘就佳妙多了。这是一件着重整体布局描绘，多于个别细致描画的作品。

（撰文/邓伟雄）

舍己为人 | 第二站

# 萨埵太子
# 舍身饲虎

萨埵太子与二兄上山游玩时，看见山谷下的饿母虎和七只幼虎，全部虚弱得快要一命呜呼了。为救这八条生命，萨埵太子不顾一切，刺身出血，舍身喂虎，十分悲壮。究竟是何种动力促使萨埵太子决定做出如此惊人之举？

*故事出自《金光明经·舍身品》，标示于各情节段落后的编号与“经文锦囊”部分对应。

# 三位王子出游

从前有一位国王摩诃罗陀，治国有方，终生积德行善。他有三个儿子，长得威武无比，德才兼备，其中三王子萨埵尤为出众。

一天，三位王子入山游玩，途中在一片茂密的竹林停下来休息。大王子说："今天怎么搞的，我心里非常惊惧惶恐，但愿不会在竹林中遇上猛兽袭击。"二王子说："我从来没有吝惜自己的身体，但今日真的恐怕会与所爱的人相别离了。"萨埵说："我既没有恐惧，当然也没有与亲人别离的忧虑。"深山空寂，令神仙也赞叹："此处宁静悠然，能让有缘之人得安乐。" **2.1**

心灵的境界

身处危境，思想境界不同的人自然有不同的心理反应。
大王子说的代表普通人的心理，当生命受到威胁时，
自然感到害怕、想活命；
二王子代表随缘随分的人的心态，
面对生离死别，不免伤感无奈、依依不舍；
三王子萨埵代表参透生死、超越生死的人的心态，
他们深深明白，生死乃自然规律，理应坦然面对，
无牵无挂，如此才能获得自在圆满的人生。
赵朴初老居士的遗嘱诗正表现出这类人的境界：
"生固欣然，死亦无憾。花落还开，水流不断。
我兮何有，谁欤安息？明月清风，不劳寻觅。"

## 王子骑马出游

北周 · 莫高窟第428窟

图中绘画三位王子入山游玩的情景，马匹矫健地沿山路前进。路上树林茂密，枝叶扶疏。

## 飞骑射靶

北周·莫高窟第428窟

三位王子自少以来，卧具、衣服、食物、象马车乘等供给从不缺少。图中就是他们上山出猎、飞骑射靶的情景，可作为他们的生活写照。

# 下山见饿虎

他们回程时，来到一座陡峭高山，发现山谷中有七只刚出生的小虎嗷嗷待哺，而母虎因饥饿和生产的折磨，已筋疲力竭。

三位王子心生怜悯，大王子说："为了活下去，母虎最终或者吃掉幼虎，或者一齐死掉。"萨埵伤心地问："老虎平常吃什么？"大王子说："只吃鲜肉和温热的血。"二王子说："谁能够为这些老虎舍命呢？"大王子说："人们最难舍弃的莫过于自己的身体。"

萨埵说："我们爱惜各自的身体，又不了解人生实相的智慧，故恐惧舍身。若有大菩萨能为他人的利益着想，怀救拔众生之苦的行愿，牺牲生命也不是难事。"

三位王子束手无策，再无观赏兴致，徘徊良久，默默地沿路返回。 **2.2**

**悲悯的心灵**

《三字经》开头便说："人之初，性本善。"当一个人看到他人有难，自然会生起同情怜悯之心，这是人与生俱来的天性。从这种意义上讲，天下没有天生的坏人。

人与人之间所以不同，取决于一个人生了恻隐之心后所采取的行动；行动的大小，说明一个人对落难者同情的程度。三位王子都积极想办法解救这群垂死的饿虎，但当常规的方法无效，大王子和二王子便束手无策，只有萨埵仍在想法子，甚至不惜代价，献出自己的身体来拯救饿虎。

## 王子见山下饿虎

山谷中的母虎和幼虎饿得哀哀嚎叫，母虎回首注视着，画中强调了它眼神流露的慈爱。三位王子生起怜悯之心，商量如何去拯救这些老虎。

北周 · 莫高窟第428窟

# 观身不净，决意舍身

萨埵走着，沉思着，仿佛看到八只老虎正在死亡线上痛苦地挣扎。他心想：“现在是我献出生命的时候了。财宝美色，皆身外之物，虚幻不实。我眼中的眼泪不净，鼻中的痰不净，口中的唾液不净，耳中的耳垢不净，身内的屎尿肮脏不净。人的身体犹如移动的茅厕，有何可爱？现在健康时就已经嫌脏了，那将来老死败坏时，更是腐臭不堪，有何值得留恋？更何况在过去生中，为了解救芸芸众生的苦难，我已舍过九百九十九身；今日若只有舍身才能救饿虎，我又何必犹豫呢？”萨埵下定了舍身决心，顿时感到精神振奋，但为怕两位哥哥阻拦，便让他们先走，自己留下。 **2.3**

**善用生命的智慧**

人生没有所有权，只有生命的使用权。
不要把能说话的嘴巴，用在搬弄是非、造口业上；
也不要把能行动的身体，用在吃喝玩乐、耽恋物欲上，
要好好发挥身体的功能，用于最有意义的事情上。
如同捐赠器官的人，愿意捐出眼睛使盲人复明。
同样，由于萨埵对生命的真相能如实了解，
不再执著于自己的生命大于一切，
为了活命而去伤害其他生命，
而是使自己的生命发挥最大的意义。

**经典智慧：**我今应当舍离，以求寂灭，无上涅槃，永离忧患无常变异，生死休息无诸尘累，无量禅定智慧功德，具足成就微妙法身。

## 萨埵嘱二兄先回

北周 · 莫高窟第428窟

萨埵决意把身肉捐予饿虎，挽救母虎和小虎濒危的生命。因为怕两位兄长阻挠，萨埵于是先把他们打发回宫。

# 虎无力食其肉

待两位王兄走远后，萨埵单独折回山谷，走到虎群处，看到它们已奄奄一息，于是立刻脱去衣物，发誓为救济众生苦难，愿意舍弃一般人所珍爱的身体。然后，他走进虎群中，躺在母虎身旁。

但是，即使萨埵突然进入虎窝，他的平静与慈爱不但没有让它们感到受威胁，反而感到安全。因此，母虎并未为保护幼虎而攻击萨埵。更何况，母虎已濒于死亡，连撕咬吃肉的气力也没有了。 2.4

祥和的心灵

动物（如蛇、狮子、大象等）只有在它们觉得生命受到威胁，
才会咬人和袭击人。同样，老虎也不是天生就吃人。
当萨埵躺在饿虎面前，由于他心情平静安然，又有爱心，
老虎并未觉得他有恶意，当然不会吃他。
由此可见：
祥和的心态和博大的爱心能让我们面对一切困境。

**经典智慧：**王子作是誓已，即自放身卧饿虎前，是时王子以大悲力故，虎无能为。

## 母虎无力吃萨埵

北周·莫高窟第428窟

萨埵躺在母虎身旁，让母虎来吃他，但母虎却饿得连咬人的力气也没有；仿佛露出愁容。

# 舍身救虎　以求菩提

萨埵深知体弱无力的饿虎根本无力吃他，
此情此景，他的救虎之心更加迫切。
他四处寻刀不着，便以尖削的竹子刺颈，
把鲜血给饿虎饮用。
等到饿虎体力稍为恢复，他便立即爬到崖上，
默默地向上天祷告让虎群延续生命，
然后纵身跳下悬崖，落到老虎旁。
这时一股壮烈的正气冲上九霄。
这个舍身救死的悲壮场面，令天神都为之感动，
齐声称赞萨埵的献身精神。
饿虎吸吮鲜血后，都恢复了力气，
大口啮咬倒卧血泊中的萨埵，直到只剩下一堆白骨。 2.5

**为善的心灵**

诚意能感动苍天，萨埵想尽各种方法舍身饲虎，
甚至最后用尖削的竹子刺伤自己的颈，
让血流出来，方便老虎饮用。
这足以说明萨埵的舍身是真心诚意的，使众神都发出赞叹之声。
同样，处世为人，只要心诚，就一定有收获。
正如俗话说：“心诚则灵”。

## 投崖饲虎

北周 · 莫高窟第428窟

萨埵用竹片刺颈，再从山崖跳下，让老虎先喝他的血，待恢复体力再吃他。图中分别绘画了刺颈、投崖、饲虎三部分情节。

# 尸骨遍地　二兄哭号

两位王兄久等弟弟不见，
又返回山谷寻找。当他们走进山谷的时候，
跃入眼帘的是斑斑的血迹和一堆刚刚被吃去血肉的残骸。
他们从衣服和冠饰上认出了这是弟弟的尸骨。
两位王子趴在萨埵的遗骨上抱头痛哭，胸闷气绝。
他们醒来后，边哭边哽咽地说："弟弟才智过人，
深得父母喜爱。他为什么竟舍身而去？若回去父母问起，
我们如何回答？"他们哀痛懊悔不该让弟弟一人留下，
以致葬身虎口。过了很久，两位王子才怀着悲伤的心情离去。
当时萨埵的侍从还未知发生什么事，互相询问：
"王子哪里去了？我们应该四处找找。" **2.6**

**心灵的挚情**

大王子、二王子看到三弟萨埵被老虎吃了，
伤心自责也是情理中的事。
由此可见，
兄弟之间的情谊是世间最美好的东西，理应珍惜。
正因为如此，
世人常用情同手足来形容人与人之间关系之亲密。

## 二兄奔跑哭号

北周·莫高窟第428窟

两位王子一路寻去，见弟弟被老虎吃掉，只剩白骨，激动失控，呼天抢地，并担心不知如何向父母交代。

# 痛失爱子　悲哽苦恼

这时，王后正在高楼上安睡，侍女听到萨埵失踪的消息，大吃一惊，马上回宫禀报说："外面传说纷纷，众人四处寻找三王子，但到处都找不到。"

王后听到萨埵失踪的消息，失声痛哭，急忙来到国王跟前，国王听了，十分震惊，捶胸大叫："为什么今天失去了我最爱的儿子？"他放声悲号，震动山谷。 2.7

**超越的心灵**

天上最美是星星，人间最美是亲情。
父母对子女的爱是无条件的。
儿行千里母担忧，无论子女在何方，父母对子女总是牵肠挂肚。
一旦子女出了事，父母的伤心都是自然的。
世人被情所困，以为拥有才是真实，
产生贪爱执著而烦恼痛苦。
但这种眷属悲痛难舍之情，皆因没有看透人世间的悲欢离合所致。
若要离苦，就必须超越贪爱分别，住于平等安详。

## 策马回宫

北周·莫高窟第428窟

萨埵兄长急忙策马回宫向父王禀报噩耗。

# 起塔供养　永作佛事

国王、王后痛失爱子，惊骇不已，
急忙来到山谷，只看见小儿子的遗骨和衣服，
悲痛欲绝，昏倒在地，众人急忙抢救，才逐渐醒了过来。
大臣们苦苦劝慰，才使国王、王后暂止悲泪。
得知萨埵发大菩提心，以肉身布施，救济苦恼众生，
非无常怨怼侵逼致死可比，应善为供养。
于是他们收拾骸骨，建造舍利塔，
将萨埵遗骸供入塔中，虔心供养，香火四时不断，
使萨埵早日功德圆满、升天成佛。 *2.8*

无私的心灵

人间寿命因为短暂，才更显得珍贵。
难得来一趟人间，是否应为人间发挥自己的良能，
而不要一味求长寿。
萨埵这种大无畏的无私舍己献身行为，
时不分古今、地不分东西，
无论在哪一个国家，无论有无宗教信仰，
都应获得人们的尊敬，流芳百世。

**经典智慧：** 王子摩诃萨埵，临舍命时，作是誓愿："愿我舍利，于未来世，过算数劫，常为众生，而作佛事。"

## 建塔供奉

北周 · 莫高窟第428窟

国王等人找到萨埵的遗骸，就地建七宝塔加以供奉。

# 寓　意

名利、美色为世人所重，一旦获得，便不愿轻易放弃。但是，当生命受到威胁时，人们往往不惜放下事业，甚至倾家荡产以求活命。由此可见，生命才是世间最珍贵的东西。然而，它却是无常的，迟早都会回归大自然。无论你现在积聚多少财富、官位有多高，临终时，一样也带不走。若能领悟到这一点，就能正确对待自己的拥有，趁自己还有精力和权力时，唯有善用自己的资产、才智乃至生命，才能为社会为人群多做有益的事。

更重要的是，生命不在长与短，最重要的是在于如何运用、发挥真正的价值。本故事透过主角舍身拯救垂死的老虎，鼓励人培养这种舍己救人的慈悲和胆量。一个人如果为了众人的利益，连生命都愿意奉献，他还有什么不愿意贡献的呢？萨埵这种舍身救虎的悲壮情怀，非一般人所能为，但这种舍己为人、勇施无求的精神，则是每一个人所应该学习的。

# 壁画艺术导赏

第254窟　萨埵太子舍身饲虎图

## 震撼人心的“血腥”场面

这幅北魏萨埵太子本生故事壁画，用了连环图式的表现手法，在同一个画面表现舍身饲虎始末的几段情节。这是魏晋南北朝期间一种流行的绘画形式，根据晋代“画圣”顾恺之的记载，他画云台山，也采用了这一形式。

壁画采用顺时针的回旋方式来描绘故事，由中间三位王子出游开始，向右是萨埵跃下山冈，然后刺身出血。转到近壁画中央的下方，这是最重要的饲虎场面，再过去是国王与王后为萨埵恸哭叫号。在左下方则是两位惊惶失措的兄长，跟着转回左上方，是供养萨埵遗骨的宝塔，并有天人和飞天为萨埵善行而散花赞叹，作为整铺壁画的终结。

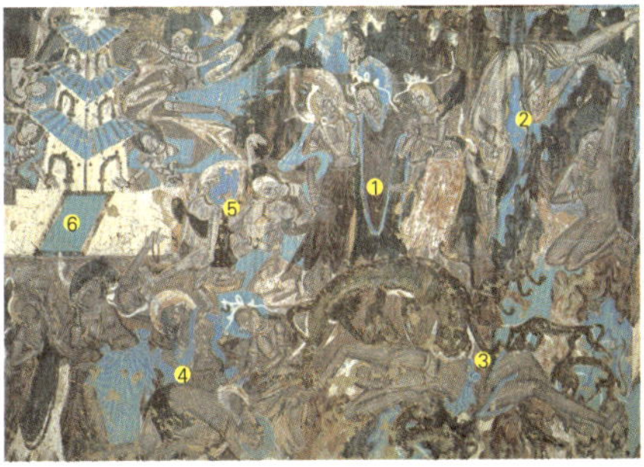

第254窟 萨埵太子舍身饲虎情节示意图

整幅壁画是连环画的形式，主角萨埵因此在不同部分重复出现，但整体看来，却是依着情节发展带动观赏者的目光，使人不觉重复，反而

萨埵太子舍身饲虎图

北魏 · 莫高窟第254窟

别有写实感觉。

萨埵跃下山冈、以竹自刺到舍身喂虎三个情节中，神态平静而面带慈悲，没有因痛苦而扭曲；而两位兄长的惊惶失措，国王与王后的呼号悲泣，天人的欢喜赞叹，在在都表现得明显而带一些夸张。这种把神态感情完全无隐地表达出来的画法，是中国在中古时期的一个典型“外拓式”手法，与后来的中国画又自不同。自唐宋以后，画家对事物的神态和感情，在描写时有所深藏，要让欣赏者自己去体会，如唐代孙位的《高逸图》、宋代梁楷的《八高僧故实图》等山水人物，将之与本图相比，我们一定可以感受到两种不同的艺术表达方式。

观赏者可特别注意饿虎

吞食萨埵太子的一段，萨埵突然舍身的神态和饿虎饥不能忍地撕咬太子身体的情况，都写得极其真实。隋唐以后，绘画题材逐渐走向文学性及典雅性，这种比较“血腥”的写实场面，即使在民间艺术如陶瓷上的绘画、书籍插图或庙宇壁画之中都很少见了，更何况造型与神态都这样真实，就此一段，足以使这幅壁画成为敦煌绘画中的上品。

绘于北魏的这铺壁画，笔法较粗犷，着重笔力的浑厚，而少注意于面容描写与衣纹的转折，山石树木也只是用几笔描绘其形态，线条头尾粗幼如一、用力均称，近于秦代小篆的字体。北魏是外族建立的皇朝，文化艺术都有别于中原汉族，其尚武豪雄的民族性，亦影响了壁画的艺术风格，与唐代以后着重细腻的描绘，或笔法轻重疾徐的变化，均有所不同。

画中的主体人物（包括萨埵及兄长、国王、王后）所占面积甚大，母虎也是故事主角之一，亦是如此，而作为陪衬的山岩、树石、宝塔、甚至天人，就小得多了。这种人大于山、树小于兽的情况，是隋唐以前的绘画特点，我们欣赏这时期的画，就不能固守于现代绘画的比例、远近这些法则了。

色彩方面，主要是使用质地较明亮的矿物质颜料，但画面沉着肃穆，以深赭色为主调，配以石青，色调不多，与后世的大青绿重彩山水人物所表现的堂皇富丽，大不相同。本图的用色，与故事所表达的朴实心怀与慈悲喜舍的精神，极为配合。

（撰文/邓伟雄）

舍己为人 | 第三站

# 尸毗王
# 割肉救鸽

一天，古印度贤德的国王尸毗理完朝政，坐在凉亭休息，突然看到老鹰追逐鸽子不舍，鸽子向国王求救。尸毗王大动恻隐之心，想救鸽子，老鹰不依，更说若得不到鸽子便会饿死，有违国王普度一切众生的誓愿。进退两难的国王是如何妥善处理这件性命攸关的“官司”？

* 故事出自《贤愚经·梵天请法六事品》，标示于各情节段落后的编号与“经文锦囊”部分对应。

# 天主帝释考验尸毗王

古印度有一大国，国王叫尸毗，他心地善良、治国有方，对百姓十分仁爱，国家一片太平盛世。

这时，天主帝释预感到自己死期将至，非常焦虑，他的近臣毗首天问他因何发愁，帝释说："我快要死了，但现在世间佛法已灭，菩萨又不再出现，我死后不知谁可以安我的心，又不知谁可以信赖依靠，所以内心十分忧虑。"毗首天说："人世间现在有一位尸毗王，他立志上求佛道，下化众生。只有他才能解救你的灾难。"

帝释将信将疑，为了试验尸毗王普救众生的心志，证实他是不是菩萨，便亲自设计考验他。于是，毗首天变成鸽子，帝释自己变成老鹰，追赶鸽子来吃。 **3.1**

**居安思危的智慧**

有福的人往往"享"福而忘了继续"造"福。然而，世事无常，一切都在变化。即使贵为天主的帝释，福报也有享尽的时候。帝释天毕竟不是凡人，他能预见灾难即将来临，所以极期望找一个有智慧的人作为他的依靠。可是像我们这样的普通人，只在麻烦到来时才开始怨天尤人。

所以，即使人在得意时，也必须紧记"世事无常"的道理，居安思危，未雨绸缪，才能永立不败之地。

**经典智慧：** 帝释报言："吾将终矣，死证已现。如今世间，佛法已灭，亦复无有诸大菩萨，我心不知何所归依，是以愁耳。"

## 帝释变鹰追逐鸽子

北魏 · 莫高窟第254窟

帝释和毗首天变成鹰和鸽，施计考验尸毗王普救众生的心志。图中在飞天和天人之间，一只白鹰张翅疾飞，紧追绿色的鸽子。鸽子俯冲逃命。

# 尸毗王答应救鸽

这天，尸毗王理完朝政，坐在凉亭休息。突然，被鹰追吃的鸽子，惊慌失措地飞到尸毗王处求救。尸毗王连忙将鸽子放进怀中，眨眼工夫，老鹰也飞到。它瞪着血红的双眼说：“这只鸽子是我的食物，我现在饥饿难忍，请你还给我吧！”

尸毗王便道：“我曾立下誓愿，要普度一切众生。现在鸽子来求救，岂能让你活活吃掉？”

“说得好听！”老鹰恶狠狠地说：“你既爱惜一切生灵，为啥只救鸽子，却不管我的死活？要知道，你若断了我的食物，我也活不下去了，难道我这生灵就不该得救？” 3.2

**见诸苦难的心灵**

从生物学的角度看，老鹰捕鸽虽然残酷，却符合“大鱼吃小鱼，小鱼吃虾米”的食物链规律。老鹰的自我辩解其实道出了常人的一种两难处境：当他人利益危及自我利益，甚至生存时，应该怎样选择？我们可以为故事里虚构人物的悲惨命运唏嘘，而常常对身边的苦难视而不见。道德的光芒常常被你死我活的争斗所掩盖。

**经典智慧：** 尸毗王言：“吾本誓愿，当度一切，此来依我，终不与汝。”鹰复言曰：“大王，今者云度一切，若断我食命不得济，如我之类非一切耶？”

# 尸毗王庇护鸽子

尸毗王右手托鸽，微微俯视，表情坚定平和，显示了他对众生心怀怜悯，也表现了救鸽的决心。

北魏·莫高窟第254窟

# 尸毗王割肉代鸽

尸毗王想了想，便对鹰说："如果给你吃剩的肉，你吃吗？"老鹰回答："我只吃刚杀的、带血的新鲜肉。"

这下真令尸毗王左右为难，心想：救了鸽子，老鹰饿死，救一命又害一命，这不是有违普度生灵的原则吗？怎么办呢？

突然，尸毗王一拍大腿，有了主意：自己的腿就是鲜肉，割下来给鹰吃，既救了鸽子，也救了老鹰，不是两全其美吗？尸毗王下令侍从拿刀端盘，割腿肉以救鸽子之命。*3.3*

**慈悲的心灵**

蚑虱蚁蝼，皆知避死贪生。
生命对任何众生来说都是宝贵的，
既然我贪生怕死，由是"以己度他情"，
想到众生也和我一样，
这样，爱惜生命、保护生命之心就会自然产生。
像尸毗王这样有慈悲心的人，
自然不忍看到任何生命被断送在自己面前，
所以宁愿割下自己的腿肉给鹰吃。

**经典智慧：** 王复念曰：今求新杀热肉者，害一救一，于理无益，内自思惟，唯除我身，其余有命，皆自护惜。

## 刀手割肉

北魏·莫高窟第254窟

刀手站着把国王腿上的肉割下，他一手拿着已割出的部分，一手下刀把那块腿肉完全切出。腿上伤口深已见骨，让人一看便感到割肉过程痛入心脾。

# 伤心不舍的尸毗王后妃

目睹尸毗王舍身割肉救鸽，三位后妃万般不舍，虽表现有别，但同样细腻感人：右面在国王身侧的王后伤心欲绝，她紧挽国王右腿，欲阻止国王割肉喂鹰；中间的王妃别过头低声饮泣，不忍亲眼看到割肉场面；左面王妃则不知所措，一脸惊惶。在原佛经中，并无后妃的描述，是画家在构思画面时，从人性角度出发而加插描绘的。

北魏·莫高窟第254窟

# 称量身肉以抵鸽重

“还有一件事……”老鹰阴险地说：“既然大王愿代鸽子割肉，请拿秤来吧。你割下的肉必须和鸽子一样重。”尸毗王说：“好，我答应你的要求。”他命侍从拿来一杆天秤，将鸽子放到其中一边的秤盘上。但奇怪的是，即使国王割尽了腿肉，还是抵不上鸽子的重量。尸毗王为了履行诺言，救鸽喂鹰，忍着巨痛站起来，想坐到盘上，献出全身，但因体力难支而昏倒。

王后和大臣的哭号，惊醒了尸毗王，他自责抵不住割肉的疼痛，心想自己早有遵行菩萨道之心，但一直未为众生谋福，当下遇上这个精进修为和行道的时机，实在不应怠慢了。尸毗王再次挣扎站起，坐上秤盘，这下，刚好和鸽子一样重。他知道总算可以完成他舍身为善的心愿，心中十分欢喜。 **3.4**

守诺的心灵

尸毗王将身体完全施舍出去，
才终于完成了救鸽的心愿。由此可见，
人发一念之善不难，难就难在圆满地完成自己的诺言。
履行诺言，总是要付出代价的。

**经典智慧：**（尸毗王）自责其心：“我从久远，为汝所困，轮回三界，酸毒备，未曾为福，今是精进立行之时，非懈怠时也。”

## 尸毗王与鸽比重

北魏·莫高窟第254窟（修复）

司秤手持秤杆，两边秤盘分别是尸毗王和鸽子。秤杆向有鸽的一边稍微下倾，表示国王以全身骨肉相抵仍不及一只小鸽的重量。

## 北凉壁画的割肉和称肉场面

这是另一幅更早期的尸毗王故事壁画，画了两个主要场景：右面是尸毗王正被割肉，但他神情平静；左面是司秤提秤，秤盘上分别是鸽和尸毗王，秤杆两边高度相若，表示两者重量相等。

北凉·莫高窟第275窟（修复）

# 尸毗王誓言无悔舍身

这时，帝释复现原形，向尸毗王说："你做到了极难做到的苦行，不知你这样做是为什么？"尸毗王答道："我不贪图世间的富贵荣华，愿以这样的功德，誓求佛道。"

帝释再问："国王如今剔骨割肉，痛彻骨髓，难道不后悔吗？"尸毗王坚定地说："我自始至终没有丝毫后悔。如果我成佛的愿望是真诚的，而且能如愿的话，现在就让我的身体恢复原状吧。"

誓言一发，奇迹出现了——尸毗王身上的肉完好如初，完全不觉疼痛。 **3.5**

**无私的心灵**

布施不是有钱人的专利，而是一份虔诚的爱心。

尸毗王布施身体来救白鸽，

完全是出于对苦难众生的慈悲心，

而不是求世间的荣华富贵，所以他无怨无悔。

不少人也做善事，但却是心有所求。

若所求不能实现，心中便有悔恨、抱怨。

## 飞天赞叹

北魏 · 莫高窟第254窟

两飞天舞于天际，为尸毗王甘心舍身行佛道而赞叹不已。

# 寓意

不少人行布施的目的是为了求名求利，或怕堕入恶道，甚至为了求得自身的健康福祉。在佛教中，这叫“有相布施”，是属有限的功德。这些人在布施后，若得不到他所企盼的东西，斤斤计较于人我，患得患失，自然会产生悔恨的心理，烦恼由此而生。

真正的布施并不是为求名，也不是为求功德，而是抱着“尽本分”的心去行布施，才能换来无忧无虑、自由自在的生活。尸毗王割肉救鸽，完全出于对苦难众生的悲悯之心，一心想救鸽子一命，别无他求。这种义无反顾、无怨无悔普度众生的情怀，千百年来一直鼓励着无数信徒以无畏的胸怀济物利生，布施行善。

# 快目王施眼

拥有一双明亮眼睛的快目王，乐善好施，对他人所求，无不满足。邻国一位邪恶的国王得知此消息，便说服一位盲人请快目王施舍眼睛，以达成他的不轨企图。百官群臣苦苦哀求快目王不可上当，可是，快目王还是把眼睛施舍了。他为什么要这样做呢？有何现实意义？

* 故事出自《贤愚经·快目王眼施缘品》，标示于各情节段落后的编号与“经文锦囊”部分对应。

# 快目王开库施舍

古印度富迦罗拔国的国王有一对无比犀利的双目，能看穿厚厚宫墙，见到四十里以外的一切，人民尊称他为“快目王”。他贤德仁慈，深受拥戴，威播国内外。

有一天，快目王思忖：“我前世积下功德，今世成为人间帝王。但现在的富贵尊荣，终有一天用尽，来世恐要受苦受穷。这好比农人种田，春天努力播种，夏秋才有收成，付出越多，收获越多。若在春天躲懒不种田，秋天又何来稻谷可以收割？现在我就要广植福田，不能再等了。”

他颁旨开国库，将金银珠宝、粮米锦帛等尽皆施予，公布全国凡贫穷或有缺乏者都可以各取所需，又通知属国同按旨意广行布施。**4.1**

**实事求是的智慧**

胡适先生曾说过：“种种从前，都成今我。
莫更思量更莫哀，从今后要怎么收获，先怎么栽！”
一分耕耘，一分收获，天下没有不劳而获的事。
种善因，得善果，这是佛教最基本的因果定律。
快目王明白此理后，才行布施，以求来世幸福。

**经典智慧：** 譬如耕夫，春日多种，秋夏收入，所得必广。
复遭春时，若当懒惰，来秋于谷何望?
是以我今于诸福田，及时广种，不宜懈怠。

## 快目王挖眼

隋·莫高窟第302窟

快目王坐在须弥座上，刀手执利器刺向他的眼睛。敦煌现存两幅快目王施眼的画面，北凉时代的一幅已残破，仅余这幅表现了快目王挖眼施舍的最重要故事情节，但并未绘出前因后果。

# 盲婆罗门乞眼

离富迦罗拔国很远的一个小国，国王淫糜骄横，致令民不聊生。大臣劳陀达冒死进谏，苦劝不果，决定投奔快目王，并请求快目王让他带兵诛讨昏君。

昏君惊悉大军压境，忧心忡忡，此时佞臣献计：“听说快目王曾发誓，除亲生父母外，愿意施舍一切，来者不拒。我国有盲婆罗门，不如劝他去求快目王施舍双眼。”

那盲婆罗门起初不从，佞臣便说：“快目王派大军攻伐我国，必杀戮惨重，你这个盲子岂能幸免于难？快目王曾发誓要做一切布施，你就去乞他双眼，只要他盲了，军队就会撤退，干戈亦可平息了。”盲婆罗门便由专人护送到富迦罗拔国。 **4.2**

**智慧的心灵**

一个人要上进、要永远进步，总是要付出艰辛的努力。
积德行善更是如此，这就是“道高一尺，魔高一丈”的道理。
快目王决定行善，利益群生，
居心叵测的人自然会糟蹋他的善心，
以达到不可告人的目的。
这就告诉我们，
做善事时更应保持高度的警觉性，
千万不可让坏人有可乘之机。

# 快目王答应施眼

盲婆罗门在宫门外喊求施舍，快目王问他："你需要什么？金银土地，车马衣食，还是医病的药？不论什么我都会满足你。"盲婆罗门说："布施身外之物，所获福德不多，只有布施自身血肉，果报才大。我是盲人，很久没亲眼看过这世界了。人说快目王愿意施舍一切，我想向您乞求双眼。"

快目王答允，承诺在七天之后施眼。当天，快目王向各属国和大臣公布这一决定，众人都哀求快目王不要为一人而舍弃一切。

太子为顾全大局，更表示愿意代父施眼。但快目王心意已决，以生死轮回之苦劝慰众人，只有施舍行佛道才能脱离苦海，他说："眼睛不过是臭皮囊，不久就会萎烂，如今既可用作施舍，就不应齐啬。" **4.3**

健康的心灵

佛经说"身患心不患"，这句话告诉世人，

人的身体有残缺不算苦，人性的残缺才是真正的苦。

因为世间的灾难祸害，

大都是由手脚完好，但心灵残缺的人所造成的。

由此可见，

一个人心理上有缺陷，比生理上有缺陷更可怕。

# 守诺尽施双眼

到了约定之日，快目王下令刀手把一眼挖出，置于掌心起誓：“我布施此眼，愿婆罗门得眼后重见光明。”说罢便把眼睛嵌进盲婆罗门眼眶里。

婆罗门重获视力，喜不自胜，并叫快目王不用再挖另一只眼了。但快目王坚持遵守承诺，又再挖眼起誓。这时，天帝因快目王做此施眼奇行，便问他想要什么回报。快目王表示只想追求佛道，普度众生。天帝又问他会否后悔，快目王起誓说：“我不后悔挖眼施舍，如果我是真诚地施舍，求上天赐我双眼复明吧。”说罢，他的双眼竟又重新长出，且比以前更明亮锐利。

昏君惊悉快目王双眼复明，奸计失败，愤恨至死。 4.4

诚信的心灵

“始我于人也，听其言而信其行。今我于人也，听其言而观其行。”孔子说这句话时，想必是受过刺激、上过当，曾遇过言行不一、口是心非的伪君子，使他再也不敢轻信别人。

当今社会，无论在公开或私下场合，那些表里不一、虚情假意、口是心非、言而无信、信口雌黄、朝三暮四、毫无诚信、说一套做一套的人随处可见。像快目王这样言必行、行必果之人如凤毛麟角，所以，诚实、讲信用就显得很珍贵。难怪中国人把“信”列为“五常”（仁、义、礼、智、信）之一，可见诚信的重要。

# 寓　意

自古以来，诚信是人类在集体生活中逐渐积累起来的最简单、最本质的公共行为规范，更是中华民族具有的民族道德规范。人们在社会活动中经常讲“以诚相待方能取信于民”、“言必行，行必果”等，都是说明同一个道理：在一切社会活动中，诚信是做人之本。

放眼古今，有识之士的成功无不是建立在诚信之上！快目王能够成为受人爱戴的贤明国王，就是因为他是一位“言必行，行必果”的诚信之人。

同样，诚信也是企业最基本的经营道德准则，在企业发展过程中，以诚对待合作者，才能赢得对方的信任，才能进一步加强企业在市场中的竞争力，在市场上获得回报，为以后的发展奠定基础。一个人如果言而无信、办事拖拉、不讲效率，长此下去，别人就不再信任你，也就不会给予你支援和帮助，甚至故意为难你，以致给工作带来诸多不便。

# 经文锦囊

## 第一站：须大拏太子无尽施舍

出处：《太子须大拏经》

**1.1** 太子年遂长，大王为纳妃。妃名曼坻，国王女也，端正无双，以妙琉璃金银杂宝璎珞其身。太子有一男一女。太子自思惟，欲作檀波罗蜜事。太子白王，欲出游观，王即听之。太子便出城。

天王释下化作贫穷聋盲喑人，悉在道边。太子见之，即回车还宫，大愁忧不乐。王问太子："出游来还何故不乐。"太子白言："我适出游见诸贫穷聋盲喑人，是故愁忧耳。我欲从王乞求一愿。不审大王。当见听不。"王答太子："欲愿何等？在汝所索耳，不违汝意。"太子言："我愿欲得大王中藏所有珍宝置四城门外及着市中以用布施，在所求索不逆人意。"王语太子："恣汝所欲不违汝也。"太子即使傍臣辇取珍宝着四城门外及着市中以用布施，恣人所欲不逆人意。八方上下莫不闻知太子功德者，四远人民有从百里来者、千里来者、万里外来者。人欲得食者饲之，欲得衣者与之，欲得金银珍宝者恣意与之，在所欲得不逆其意。

**1.2** 时有敌国怨家，闻太子好喜布施在所求索不逆人意，即会诸臣及众道士共集议言："叶波国王有行莲华上白象，名须檀延，多力健。每与诸国共相攻伐，此象常胜。谁能往乞者。"诸臣咸言，无能往得者。中有道士八人即白王言："我能往乞之，当给我资粮。"王即给之。王便语言："能得象者我重赏汝。"

道士八人即行持杖，远涉山川诣叶波国。至太子宫门，俱挂杖翘一脚向门而立。时守门者入白太子："外有道士，悉皆挂杖俱翘一脚住。自说言：'故从远来欲有所乞。'"太子闻之甚大欢喜，便出迎之前为作礼，如子见父，因相劳问："何所从来，行道得无勤苦，欲何所求索用一脚为翘乎？"道士八人言："我闻太子好喜布施，在所求索不逆人意。太子名字流闻八方，上彻苍天下至黄泉，布施之德功不可量，远近歌颂莫不闻知，人说太子实不虚也。今为天人之子，天人所言终不欺也。如今太子审能布施不逆人意者，欲从太子乞丐行莲华上白象。"太子即将至象厩中令取一象去。道士八人言："我正欲得行莲华上白象名须檀延者。"太子言："此大白象是我父王之所爱重，王视白象如视我无异，不可与卿。若与卿者我即失父王意，或能坐此象逐我令出国。"太子即自惟念：我前有要愿。在所布施不逆人意，今不与者违我本心。若不以此象施者，何从当得无上平等度意？听当与之以成我无上平等度意。太子言诺："大善，愿以相与。"即左右，被象金鞍疾牵来出。太子左手持水澡道士手，右手牵象以授与之。八人得象即咒愿太子，咒愿毕已，累骑白象欢喜而去。太子语道士言："卿速疾去，王若知者便能追逐夺卿。"时道士八人即便疾去。

**1.3** 国中诸臣闻太子以白象布施怨家，皆大惊怖，从床而堕愁忧不乐，念言："国家但怙此象以却敌国耳。"诸臣皆往白王："太子以国中却敌之宝象布施怨家。"王闻愕然。臣复白王："今王所以得天下者。有此象故。此象胜于六十象力。而太子用与怨家。恐将失国当如之何？太子如是自恣布施中藏日空，臣恐举国及其妻子皆以与人。”王闻是语，益大不乐。王呼一臣而问之曰：“太子审持白象与怨家不？”臣答王言：“实以与之。”王闻臣言，乃更大惊，从床而堕闷不知人。以冷水洒之良久乃稣，二万夫人亦皆不乐。

王与诸臣共议言，当奈太子何。中有一臣言：“以脚入象厩中者当截其脚。手牵象者当截其手。眼视象者当挑其眼。”或言：“当断其头。”诸臣共议各言如是。王闻此语甚大愁忧，语诸臣言：“儿大好道喜布施人，奈何禁止拘闭之也。”中有一大臣，嫌诸臣议不当尔也：“王唯有是一子耳，甚爱重之，云何欲刑残？”乃生是心耶，大臣白王言：“臣亦不敢使大王禁止拘闭太子也，但逐令出国置野田山中十二年许，当使惭愧。”

王即随此大臣所言，即遣使者召问太子：“汝持白象与怨家不？”太子白王：“实以与之。”王问太子：“汝今何故，持我白象以与怨家而不白我？”太子白言：“前已与王自有要令，诸所布施不逆人意。是以不白王耳。”王言：“前所要者自谓珍宝，白象何预？”太子报言：“此皆是王之所有物，何得独不在中耶？”王语太子：“速出国去！徙汝着檀特山中十二年。”太子白王言：“不敢违戾大王教令，愿复布施七日展我微心，乃出国去。”王言，正坐：“汝布施太剧空我国藏，失我却敌之宝，故逐汝耳。不得复住布施七日，速疾出去不听汝也。”太子白王言：“不敢违戾大王教令，今我自有私财，愿得布施尽之乃去，不敢复烦国家财宝。”二万夫人共诣王所，请留太子布施七日乃令出国，王即听之。太子便使左右普告四远，其有欲得财物者，悉诣宫门随所欲得。人有财物不可常保，会当坏散。四方人民皆来诣门，太子为设饭食，施与珍宝恣意而去。七日财尽，贫者得富万民欢乐。

1.4 太子语其妻疾起听我言："大王今逐我着檀特山中十二年。"妃闻太子言愕然惊起白太子："有何过咎而王乃当至是乎？"太子报言："用我布施太剧空虚国藏，以健白象施与怨家。王及傍臣用是之故，恚共逐我耳。"曼坻言："使国丰溢，愿令大王及诸傍臣吏民大小富乐无极。但当努力共于山中勤求道耳。"太子言："人在山中恐怖之处，致难为心，虎狼猛兽大可畏也。汝惯憍乐何能忍是？汝在宫中衣即细软止即帏帐，饮食甘美恣口所欲；今在山中卧则草蓐，食则果蓏。汝何能乐是？又多风雨雷电雾露，使人毛竖，寒则大寒热则大热，树木之间不可依止，加地有蒺藜晛砾石毒虫。汝何能忍是？"曼坻言："我当用是细软帏帐甘美饮食为，而与太子别乎，我终不能相远离也，会当与太子相随去耳！王者以幡为帜，火者以烟为帜，妇人者以夫为帜，我但怙太子耳，太子者我之所天。太子在国时布施四远人，我常与太子共之。今太子远去，若有人来乞者我当应之云何？我闻人来求太子时我当感死何疑！"太子言："我好布施不逆人意，有人从我乞儿索女者，我则不能不与之。汝若不顺我言，即乱我善心可不须去。"曼坻言："听随太子在所布施莫懈，世间布施未有如太子者也。"太子言："汝能尔者甚大善。"

太子与妃及其二子，共至母所辞别欲去，白其母言："愿数谏大王，以正法治国。莫邪枉人民。"母闻太子辞别如是即感慠悲哀，语傍人言："我身如石心如刚铁，奉事大王未尝有过，今唯有一子而舍我去，我心何能不破裂而死耶？儿在腹中如树木叶日夜长大，养子适大而舍我去。诸夫人皆当快，我王不复敬我。天不违我愿者，使其子速来还国耳。”太子与妃及其二子，俱为父母作礼，于是而去。二万夫人以真珠各一贯以与太子，四千大臣作七宝华奉上太子。太子从中宫北出城门，悉以七宝珠华，布施四远人民实时皆尽。吏民大小数千万人，供送太子者皆窃议言：“太子善人是国之神，父母何能逐是珍宝之子乎？”观者皆共惜之。太子于城外树下坐，辞谢来送者：“可从此而还。”吏民大小垂泪而归。

**1.5** 太子与妃二子共载自御而去，前行已远止息树下。有婆罗门来乞马，太子即卸车以马与之，以二子着车上妃于后推，自入辕中步挽而去。适复前行，复逢婆罗门来乞车，太子即以车与之。适复前行，复逢婆罗门来乞，太子言：“我不与卿有所爱惜也，我财物皆尽。”婆罗门言：“无财物者与我身上衣。”太子即解宝衣与之，更着一故衣。适复前行，复逢婆罗门来乞，太子以妃衣服与之。转复前行，复逢婆罗门来乞，太子以两儿衣服与之。太子布施车马钱财衣被了尽，初无悔心大如毛发。太子自负其男妃负其女步行而去，太子与妃及其二子，和颜欢喜相随入山。

**1.6** 檀特山去叶波国六千余里，去国遂远，行在空泽中大苦饥渴。忉利天王释即于旷泽中，化作城郭市里街巷伎乐衣服饮食，城中有人出迎太子，便可于此留止饮食以相娱乐。妃语太子：“行道甚极可暇止此不？”太子言：“父王徙我着檀特山中，于此留者违父王命，非孝子也。”遂便出城，顾视其城忽然不见。

转复前行到檀特山，山下有大水深不可度。妃语太子：“且当住此须水减乃渡。”太子言：“父王徙我着檀特山中，于此住者违父王教，非孝子也。”太子即入慈心三昧，水中便有大山以堰断水，太子即与妃褰裳而渡。渡已太子即心念言：“便尔去者，水当浇灌杀诸人民蜎飞蠕动。”太子即还顾谓水言：“复流如故。若有欲来至我所者，皆当令得渡。”太子适语已，水即复流如故。

1.7 前到檀特山中，太子见山嵚崟嵯峨，树木繁茂百鸟悲鸣，流泉清池美水甘果，凫雁鸡鹄翡翠鸳鸯异类甚众。太子语妃：“观是山中树木参天无折伤者，饮此美泉啖是甘果，而此山中亦有学道者。”太子入山，山中禽兽皆大欢喜，来迎太子。山上有一道人名阿州陀，年五百岁有绝妙之德。太子作礼却住白言：“今在山中何所有好甘果泉水可止处耶？”阿州陀言：“是山中者普是福地所在可止耳。”道人即言：“今此山中清净之处，卿云何然妻子来而欲学道乎？”太子未答，曼坻即问道人言：“在此学道为几何岁？”道人答言：“止此山中四五百岁。”曼坻谓言：“计有吾我人者，何时当得道耶？虽久在山中亦如树木无异。不计吾我人者乃可得道。”道人言：“我实不知此事也。”太子即问道人言：“汝颇闻叶波国王太子须大拿不？”道人言：“我数闻之，但未曾见耳。”太子言：“我正是太子须大拿也。”道人问太子：“所求何等？”太子答言：“欲求摩诃衍道。”道人言：“太子功德乃尔，今得摩诃衍道不久也。太子得无上正真道时，我当作第一神足弟子。”道人即指，语太子所止处。

太子则法道人结头编发，以泉水果蓏为饮食，即取柴薪作小草屋，并为曼坻及二小儿，各作一草屋，凡作三草屋。男名耶利年七岁，着草衣随父出入；女名罽拿延年六岁，着鹿皮衣随母出入。山中禽兽悉皆欢喜依附太子。太子适住一宿，山中空池皆出泉水，枯木诸树皆生华叶，诸毒虫兽皆为消灭，相食啖者皆自食草，诸杂果树自然茂盛，百鸟嘤嘤相和悲鸣。曼坻主行采果以饲太子及其男女，二儿亦复舍父母行，在于水边与禽兽戏，或有宿时。时男耶利骑师子上戏，师子跳踉，耶利堕地伤面血出，猕猴便取树叶拭其面血，将至水边以水洗之。太子在坐亦遥见之曰："禽兽乃有儞心！"

1.8 时鸠留国有一贫穷婆罗门，年四十乃取妇，妇大端正，婆罗门有十二丑身体黑如漆。面上三憔鼻正匾匾目，两目复青，面皱唇哆，语言謇吃，大腹凸臆，脚复缭戾，头复咒秃，状类似鬼。其妇恶见咒欲令死。妇行汲水逢诸年少嗤说其婿，形调笑之，问言："汝绝端正，何能为是人作妇耶？"妇语年少言："是老翁头白如霜着树，朝暮欲令其死。但无那其不肯死何？"妇便持水啼泣，且归语其婿言："我适取水，年少曹辈共形调我。当为我索奴婢，我有奴婢者，便不复自行汲水，人亦不复笑我。"婿言："我极贫穷，当于何所得奴婢耶？"妇言："若不为我索奴婢者，我便当去不复共居。"妇言："我常闻太子须大拿坐布施太剧故，父王徙着檀特山中。有一男一女可往乞之。"婿言："檀特山去此六千余里，初不山行，当于何所而求之乎？"妇言："不为我求奴婢者，我当自刭死耳。"婿言："宁杀我身不欲令汝死也。"婿言："汝欲令我行者，当给我资粮。"妇言："便去，无有资粮。"婆罗门自办资粮涉道而去。

婆罗门即到太子所。太子遥见婆罗门来，甚大欢喜迎为作礼因相劳问："何所从来行道得无疲极，何所索乎？"婆罗门言："我从远方来，举身皆痛又大饥渴。"太子即请婆罗门入坐，出果蓏水浆着其前。婆罗门饮水食果竟，便语太子言："我是鸠留国人也，久闻太子好喜布施名闻十方。我大贫穷，欲从太子有所乞丐。"太子言："我不与卿有所爱也。我所有尽赐无以相与。"婆罗门言："若无物者，与我两儿以为给使可养老者。"如是至三。太子言："卿故远来，欲得我男女奈何不相与？"

时两儿行戏，太子呼两儿言："婆罗门远来乞汝，我已许之，汝便随去。"两儿走入父腋下泪出，且言："我数见婆罗门，未尝见是辈。此非婆罗门，为是鬼耳！今我母行采果未还，而父持我与鬼作食，定死无疑！今我母来索我不得，当如牸牛觅其犊子，便啼哭号泣愁忧。"太子言："我已许之，何从得止。是婆罗门耳，非是鬼也，终不啖汝。"汝便逐去。婆罗门言："我欲发去，恐其母来便不复得去。卿持善心与我，母来即败卿善意。"太子报言："我从生已来布施未尝有悔也。"太子即以水澡婆罗门手，牵两儿授与之。地为震动。

两儿不肯随去，还至父前长跪谓父言："我宿命有何罪？今复遭值此苦？乃以国王种为人作奴婢？向父悔过，从是因缘罪灭福生，世世莫复值是。"太子语儿言："天下恩爱皆当别离，一切无常何可保守。我得无上平等道时自当度汝。"两儿语父言："为我谢母，今便永绝恨不面别。自我宿罪当遭此苦，念母失我忧苦愁劳。"婆罗门言："我老且羸，小儿各当舍我走至其母所我奈何得之？当缚付我耳。"太子即反持两儿手使婆罗门自缚之，系令相连总持绳头，两儿不肯随去，以捶鞭之血出流地。太子见之泪下堕地，地为之沸。太子与诸禽兽，皆送两儿不见乃还，诸禽兽皆随太子，还至儿戏处呼哭宛转而自扑地。

婆罗门径将两儿去，儿于道中以绳绕树不肯随去，冀其母来，婆罗门以捶鞭之。两儿言："莫复挝我。我自去耳。"仰天呼言："山神树神一哀念我，今当远去为人作奴婢不见母别，可语我母，弃果疾来与我相见。"

1.9 母于山中，左足下痒右目复瞤两乳汁出，母便自思惟："未尝有是怪，当用此果为。宜归视我子，得无有他。"故便弃果而归。时第二忉利天王释知太子以儿与人，恐妃败其善心，便化作师子当道而蹲。妃语师子："卿是兽中王，我亦是人中王子共在山中，愿小相避使得过去。我有二子皆尚幼小，朝来无所食，但望待我耳。"师子知婆罗门去远，乃起避道令妃得过。

妃还见太子独坐，不见两儿，自至其草屋中索之不见，复至儿屋中觅之不见，至儿常所戏水边，亦复不见，但见与所戏禽兽獐鹿师子猕猴皆在。曼坻前自扑号呼，所戏池水为之空竭。

曼坻便还至太子所，问太子两儿为何所在，太子不应。曼坻复言："儿遥见我持果走来，趣我躃地复起跳踉，呼言：'阿母来归见我！'坐时皆在左右，见我身上有尘土即为我拂去之。今亦不见儿，儿亦不来附我为持与谁乎。今不见之我心摧裂，早语我处，莫令我发狂！"如是至三，太子不应。曼坻益更愁毒言："不见两儿尚复可耳，太子不应，益令我迷荒。"太子语言："鸠留国有一婆罗门来，从我乞两儿便以与之。"妃闻太子语，便感激躃地如太山崩，宛转啼哭而不可止。太子言："且止，汝识过去提和竭罗佛时本要不耶。我尔时作婆罗门子，字鞞多卫，汝作婆罗门女，字须陀罗。汝持华七茎，我持银钱五百，从汝买华欲以散佛，汝以二茎华寄我上佛，而求愿言：'愿我后生常为卿妻好丑不离。'我尔时与汝要言：'欲为我妻者当随我意，在所布施不逆人心，唯不以父母施耳，其余施者皆随我意。’汝尔时答我言可。今以儿布施而反乱我善心耶？”妃闻太子言，心意开解便识宿命，听随太子布施疾得心所欲。

天王释见太子布施如此，即下试太子知欲何求。化作婆罗门亦有十二丑，到太子前而自说言：“常闻太子好喜布施，在所求索不逆人意。故来到此，愿乞我妃。”太子言善：“妃可得耳。”妃言：“今以我与人。谁当供养太子者也？”太子言：“今不以汝施者，何从得成无上平等度意？”太子以水澡婆罗门手，牵妃与之。释知太子了无悔心，诸天赞善天地大动。时婆罗门便将妃去，行至七步寻将妃还以寄太子，莫复与人也。太子言：“何为不取岂有恶乎？诸人妇中是妇为善，现国王子，其父唯有是一女耳。是妇用我故，自投汤火，饮食粗恶而常不避所为精勤，面貌端正。卿今取去我心乃喜。”婆罗门语太子言：“我非婆罗门，是天王释故来相试耳。欲愿何等。”即复释身端正殊妙，妃即作礼从索三愿：“一者令婆罗门将我两儿还卖本国中；二者令我两儿不苦饥渴；三者令我及太子早得还国。”天王释言：“当如所愿。”太子言：“愿令众生皆得度脱，无复生老病死之苦。”天王释言：“大哉所愿巍巍无上，若欲生天作日月中王，世间帝主注延寿命，我能相与如卿所说。三界特尊非我所及也。”太子言：“今且愿我令得大富常好布施又胜于前，愿令父王及诸傍臣皆思见我。”天王释言：“必如所愿。”须臾之间忽然不见。

1.10 鸠留国婆罗门得儿归家，妇逆骂之：“何忍持此面来还？此儿国王种，而无慈仁心，挝打令生疮身体皆脓血，速将衒卖之更求可使者！”婿随妇言即行卖之。天王释主行坏其市井言：“此儿贵无能买者。”儿适饥渴，天以自然气令儿得饱满。天王化其意，乃至叶波国。国中诸臣人民识是太子儿大王之孙。举国大小莫不悲哀。

诸臣即问所从得此儿，婆罗门言：“我自乞得用问我为？”诸臣言：“卿来入我国我亦应问卿。”大臣人民便欲夺取婆罗门儿，中有长者而谏之曰：“斯乃太子布施之心以至于此，而今夺之，不当，固违太子本意耶？不如白王，王若知者自当赎之。”于是乃止。诸臣白王言：“大王两孙今为婆罗门之所衒卖。”王闻之大惊，即呼婆罗门，使将儿入宫。王与夫人及诸傍臣后宫婇女，遥见两儿莫不哽咽。王问婆罗门何缘得此儿，婆罗门答言：“我从太子乞得耳。”王呼两儿而欲抱之，儿皆涕泣不肯就抱。王问婆罗门：“卖儿索几钱。”婆罗门未及得对，男儿便言：“男直银钱一千特牛一百头，女直金钱二千牸牛二百头。”王言：“男儿人之所珍。何故男贱而女贵耶？”儿言：“后宫婇女与王无亲，或出微贱或但婢使，王意所幸便得尊贵，被服珍宝饮食百味。王独有一子而逐之于深山，日日自与宫中婇女共相娱乐，了无念子之意，是以明知男贱而女贵也。”王闻是语感傲悲哀涕泣交进言：“我负汝，汝何故不就我抱？恚我乎？畏婆罗门耶。”儿言：“不敢怨大王，亦不畏婆罗门。古是大王孙，今为人奴婢。何有人奴婢而就国王抱？是故不敢耳。”

王闻儿语，倍增悲怆即如其言，雇婆罗门直，更呼两儿抱两儿便就。王抱两孙摩扪其身，问两儿言：“汝父在山中，何所饮食被服何等？”两儿答言：“食果蓏菜茹被褐为服饰，百鸟相娱乐亦无愁忧心。”王即遣婆罗门去。男儿白王：“此婆罗门大苦饥渴，愿赐一食。”王言：“汝不忿恚之耶？何故复为索食耶？”

儿言："我父好道无复财物可用布施，以我乞之则是我大家。我尚未得为其使令以副我父道意，今何忍见其饥渴而无慈仁心？我父乃以儿施婆罗门，大王岂惜一食耶？"王即赐婆罗门食。婆罗门食竟，欢喜而还。

王遣使者速迎太子还。使者受教往迎太子，碍水不得渡，但念太子所，即得过去。以王命而告太子："宜速还国，王思见太子。"太子答言："王徙我着山中十二年为期，尚有一年在，年满自当归。"使者还白王如是。王更作手书以与太子：汝是智慧之人，去亦当忍来亦当忍。云何恚不还？须汝乃饮食耳。使者复赍书往。太子得书头面着地，作礼却绕七匝便发视之。山中诸禽兽闻太子当还，跳踉宛转自扑而号呼，泉水为之空竭，禽兽为不乳，百鸟皆悲鸣，用失太子故。太子即着衣与妃俱还。

敌国怨家闻太子当还，即遣使者装被白象金银鞍勒。以金钵盛银粟，银钵盛金粟，逆于道中以还太子，辞谢悔过言："前乞白象愚痴故耳，坐我之故远徙太子今闻来还内怀欢喜。今以白象奉还太子，及上金银之粟，愿垂纳受以除罪咎。"太子答言："譬如有人设百味食特有所上其人食已呕吐于地，岂复香洁可更食不？今我布施譬亦若吐，终不还受。速乘象还去谢汝国王。苦屈使者远相劳问。"于是使者即乘象还，白王如是。因此象故，敌国怨家化为慈仁，国王及众悉发无上平等度意。父王乘象出迎太子，太子便前头面作礼，从王而归。国中人民莫不欢喜，散华烧香悬缯旛盖，香汁洒地以待太子。太子入宫即到母前，头面作礼而问起居。王以宝藏以付太子，恣意布施转胜于前。布施不休自致得佛。

## 第二站：萨埵太子舍身饲虎

出处：《金光明经·舍身品》

2.1 过去之世，有王名曰摩诃罗陀，修行善法，善治国土，无有怨敌。时有三子端正微妙，形色殊特，威德第一。第一大子名曰摩诃波那罗，次子名曰摩诃提婆，小子名曰摩诃萨埵。是三王子，于诸园林游戏观看，次第渐到一大竹林憩驾止息。第一王子作如是言："我于今日心甚怖懅，于是林中将无衰损。"第二王子复作是言："我于今日不自惜身，但离所爱心忧愁耳。"第三王子复作是言："我于今日独无怖懅，亦无愁恼。"山中空寂神仙所赞。是处闲静，能令行人安隐受乐。

2.2 时诸王子说是语已，转复前行见有一虎，适产七日而有七子，围绕周匝饥饿穷悴，身体羸瘦，命将欲绝。第一王子，见是虎已，作如是言："怪哉！此虎产来七日，七子围绕不得求食，若为饥逼必还啖子。"第三王子言："此虎经常所食何物？"第一王子言："此虎唯食新热肉血。"第三王子言："君等谁能与此虎食？"第二王子言："此虎饥饿身体羸瘦，穷困顿乏余命无几，不容余处为其求食。设余求者命必不济，谁能为此不惜身命！"第一王子言："一切难舍不过已身。"第三王子言："我等今者以贪惜故，于此身命不能放舍，智慧薄少，故于是事而生惊怖。若诸大士，欲利益他，生大悲心，为众生者，舍此身命不足为难。"时诸王子心大愁忧，久住视之目未曾舍，作是观已寻便离去。

2.3 尔时，第三王子作是念言："我今舍身时已到矣，何以故？我从昔来多弃是身都无所为，亦常爱护处之屋宅，又复供给衣服、饮食、卧具、医药、象马、车乘，随时将养令无所乏，而不知恩反生怨害，然复不免无常败坏，复次，是身不坚无所利益，可恶如贼犹若行厕，我于今日，当使此身作无上业，于生死海中作大桥梁；复次若舍此身，即舍无量痈疽瘭疾百千怖畏，是身唯有大小便利，是身不坚如水上沫，是身不净多诸虫户，是身可恶筋缠血涂，皮骨髓脑共相连持，如是观察，甚可患厌，是故我今应当舍离，以求寂灭，无上涅槃，永离忧患无常变异，生死休息无诸尘累，无量禅定智慧功德，具足成就微妙法身，百福庄严诸佛所赞，证成如是无上法身，与诸众生无量法乐。"是时王子勇猛堪任，作是大愿，以上大悲熏修其心，虑其二兄心怀怖懅，或恐固遮为作留难，即便语言：兄等今者可与眷属还其所止。

2.4 尔时王子摩诃萨埵，还至虎所，脱身衣裳置竹枝上，作是誓言，我今为利诸众生故，证于最胜无上道故，大悲不动舍难舍故，为求菩提智所赞故，欲度三有诸众生故，欲灭生死怖畏热恼故。是时王子作是誓已，即自放身卧饿虎前，是时王子以大悲力故，虎无能为。

2.5 王子复作如是念言，虎今羸瘦身无势力，不能得我身血肉食，即起求刃，周遍求之，了不能得，即以干竹刺颈出血，于高山上投身虎前，是时大地六种震动，日无精光如罗睺罗阿修罗王捉持障蔽，又雨杂华种种妙香，时虚空中有诸余天，见是事已心生欢喜叹未曾有，赞言："善哉善哉！大士，汝今真是行大悲者，为众生故能舍难舍，于诸学人第一勇健，汝已为得诸佛所赞，常乐住处不久当证无恼无热清凉涅槃。”是虎尔时见血流出污王子身，即便舐血啖食其肉唯留余骨。

**2.6** 时二王子心大愁怖，涕泣悲叹容貌憔悴。复共相将还至虎所，见弟所着帔服衣裳，皆悉在一竹枝之上，骸骨发爪布散狼藉，流血处处遍污其地，见已闷绝不自胜持，投身骨上良久乃苏，即起举首号天而哭：“我弟幼稚才能过人，特为父母之所爱念，奄忽舍身以饲饿虎，我今还宫，父母说问当云何答？我宁在此并命一处，不忍见是骸骨发爪，何心舍离还见父母妻子眷属朋友知识？”时二王子悲号懊恼渐舍而去。时小王子所将侍从，各散诸方互相谓言：“今者我天为何所在？”

**2.7** 时有青衣在外，已闻王子消息，心惊惶怖寻即入内，启白王妃作如是言：“向者在外闻诸侍从，推觅王子不知所在。”王妃闻已生大忧恼，涕泣满目至大王所：“我于向者传闻外人，失我最小所爱之子。”大王闻已而复闷绝，悲哽苦恼拭泪而言：“如何今日失我心中所爱重者。”

**2.8** 尔时大王，摩诃罗陀及其妃后，悲号涕泣，悉皆脱身，御服璎珞，与诸大众，往竹林中，收其舍利，即于此处，起七宝塔。是时王子摩诃萨埵，临舍命时，作是誓愿：“愿我舍利，于未来世，过算数劫，常为众生，而作佛事。”说是经时，无量阿僧祇诸天及人，发阿耨多罗三藐三菩提心。

## 第三站：尸毗王割肉救鸽

出处：《贤愚经 · 梵天请法六事品》

3.1 过去久远阿僧祇劫，于阎浮提，作大国王，名曰尸毗。王所住城号提婆拔提，丰乐无极。时尸毗王主阎浮提八万四千诸小国土，六万山川，八千亿聚落。王有二万夫人婇女，五百太子，一万大臣，行大慈悲，矜及一切。时天帝释，五德离身[①]，其命将终，愁愦不乐。毗首羯摩，见其如是，即前白言："何为慷慨，而有愁色？"帝释报言："吾将终矣，死证已现。如今世间，佛法已灭，亦复无有诸大菩萨，我心不知何所归依，是以愁耳。"毗首羯摩白天帝言："今阎浮提有大国王，行菩萨道，名曰尸毗，志固精进，必成佛道，宜往投归，必能覆护，解救危厄。"天帝复白："若是菩萨，当先试之，为至诚不，汝化为鸽，我变作鹰，急追汝后，相逐诣彼大王坐所，便求拥护，以此试之，足知真伪。"

注① 五德离身，即出现五种衰相，包括：（一）"头上花萎"，就是头上所载的花冠渐渐枯萎；（二）"衣裳垢腻"，就是无缝的天衣生出污垢来；（三）"身体臭秽"，就是天人身上的光明不但消失，而且发出臭气；（四）"腋下汗出"，就是腋窝流出很多的臭汗；（五）"不乐本座"，就是对自己的宝座生出不乐的感受。

3.2 毗首羯摩，自化为鸽，帝释作鹰，急追鸽后，临欲捉食，时鸽惶怖，飞趣大王，入王腋下，归命于王。鹰寻后至，立于殿前，语大王言："今此鸽者，是我之食，来在王边，宜速还我，我饥甚急。”尸毗王言：“吾本誓愿，当度一切，此来依我，终不与汝。”鹰复言曰：“大王，今者云度一切，若断我食命不得济，如我之类非一切耶？”

3.3 王时报言：“若与余肉，汝能食不？”鹰即言曰：“唯得新杀热肉，我乃食之。”王复念曰：“今求新杀热肉者，害一救一，于理无益，内自思惟，唯除我身，其余有命，皆自护惜。”即取利刀，自割股肉，持用与鹰，贸此鸽命。

3.4 鹰报王曰：“王为施主，等视一切，我虽小鸟，理无偏枉。若欲以肉贸此鸽者，宜称使停。”王左右疾取称来，以钩钩中，两头施盘，实时取鸽，安着一头，所割身肉，以着一头。割股肉尽，故轻于鸽，复割两臂，身肉都尽，故不等鸽。尔时大王举身自起，欲上称盘，气力不接，失跨堕地，闷无所觉，良久乃稣，自责其心：“我从久远，为汝所困，轮回三界，酸毒备，未曾为福，今是精进立行之时，非懈怠时也。”种种责已，自强起立，得上称盘，心中欢喜，自以为善。

3.5 色界诸天，同时来下，于虚空中见于菩萨行于难行，伤坏躯体，心期大法，不顾身命，各共啼哭，泪如盛雨。又雨天华而以供养。尔时帝释还复本形，住在王前，语大王曰：“今作如是难及之行，欲求何等？汝今欲求转轮圣王帝释魔王，三界之中欲求何等？”菩萨答言：“我所求者，不期三界尊荣之乐，所作福报欲求佛道。”天帝复言：“汝今坏身，乃彻骨髓，宁有悔恨意耶？”王言：“无也。”天帝复曰：“虽言无悔，谁能知之？我观汝身，战掉不停，言气断绝，言无悔恨，以何为证？”王即立誓：“我从始来乃至于今，无有悔恨大如毛发，我所求愿，必当果获。至诚不虚如我言者，令吾身体即当平复。”作誓已讫，身便平复，倍胜于前。天及世人，叹未曾有，欢喜踊跃，不能自胜。

## 第四站：快目王施眼

出处：《贤愚经·快目王眼施缘品》

**4.1** 有一大城，名富迦罗拔，时有国王，名须提罗，所以名之为快目者，其目明净，清妙无比，彻睹墙壁，视四十里，以是故立字号，曰快目。……王有慈悲，愍念一切，养育民物，犹如慈父，化导以善，民从其度，风时雨顺，四气和适，其国丰乐，群生蒙赖。尔时其王，退自思惟，我因宿福，今为人主，财宝五欲，富有四海，发言化下，如风靡草，今世会用，更无绍续，恐我来世穷苦是分。譬如耕夫，春日多种，秋夏收入，所得必广。复遭春时，若当懒惰，来秋于谷何望？是以我今于诸福田，及时广种，不宜懈怠。即告群臣，出我库藏金银珍宝衣被饮食所须之具，着诸城门，及积市中，行宣令，一切人民，有所乏者，皆悉来取。并复告下八万四千国，亦令开藏施给一切。时诸群臣，奉受王教，即金幢，击大金鼓，誊王慈教：“阎浮提，阎浮提人，沙门婆罗门，孤贫困厄，年老疾病，有所欲得，称意而与，一切人情，赖王慈泽，安快自娱，无复忧虑。”歌颂赞叹，皆称王德。

4.2 尔时边裔，有一小国，其王名曰波罗陀跋弥，劳陀达言："彼波罗陀跋弥，顽嚚凶暗，纵逸荒迷，不识礼度，凭远守谬，不承王命，彼民恶厌，视之如怨，与臣兵马，自往降伏。"王闻其语，即然可之，告下诸国，选择兵众，克日都集，往彼波罗陀跋弥王国。尔时波罗陀跋弥共辅相言："我闻快目王，自誓布施，唯除父母，不以施耳，其余一切，不逆来意。今此国中，有盲婆罗门，当劝勉之往乞王眼。若能得者，军兵足。"王闻是语，即然可之，寻遣辅相，往求晓之。辅相即时，遣人往唤，寻使来而告之曰："今有国事，欲相劳苦，愿垂留意，共相佐办。"婆罗门言："我今盲冥，竟何所能？而相佐办。"辅曰："须提罗王，欲合兵众来伐我国。若当来者，我等强壮，虽能逃避，犹忧残戮，况汝无目，能得脱耶？彼王有誓，一切布施，随人所须，不逆人意，往从乞眼，庶必得之，若得其眼，兵众可息，此事苟办，当重募汝。"婆罗门言："今我无见，此事云何？"王重劝勉："我当遣人将护汝往。"即给道粮行道所须，引路而去。

4.3 时婆罗门，渐到大城，径至殿前，高声唱言："我在他国，承王名德，一切布施，不逆人意，故涉远来，欲望乞。"王闻是语，即下问讯："步涉遐道，得无疲倦，若欲所得，一切所须，国土珍宝，车马辇舆，衣被饮食，随病医药，一切所须，皆当给与。"婆罗门言："外物布施，福德不妙，内身布施，果报乃大。我久失眼，长夜处冥。承闻大王，故发意来，欲乞王眼。"王闻欢喜，语婆罗门："若欲得眼，我当相与。"婆罗门言："欲与我者，何时能与？"王语之曰："后七日，便当与汝。"时快目王："告诸王臣夫人太子……如此臭眼，危脆之物，如是不久，自当烂坏，今得用施，不应不与。今持此眼，以用布施求佛无上一切智眼，若我愿成，当与汝等，清净慧眼，汝莫遮我无上道意。”

4.4 其在会者，默然无言，正语左右：“可挑我眼。”左右诸臣，咸各言曰：“宁破我身，犹如芥子，不能举手向大王眼。”王语诸臣：“汝等推觅其色正黑谛下视者，便召将来。”诸臣求得，将来与王，王即授刀，语令剜，剜得一眼，着王掌中，王便立誓：“我以此眼，以用布施，誓求佛道。若审当得成佛道者，此婆罗门，得我此眼，即当用视。”作是誓已，王即以眼，安婆罗门眼匡之中，寻得用见，得视王身及余众会，欢喜踊跃，不能自胜，即白王言：“得王一眼，足我用视，愿留一眼，王自用看。”王复答言：“我已言决，许与两眼，不应违言。”便更剜一眼，复着掌中，重复立誓：“我持眼施，用求佛道审能成佛，至诚不虚。此婆罗门，得于我眼，便当用视。”复安一眼，寻得用视。当尔之时，天地震动，诸天宫殿，皆亦动摇。时诸天人，愕然惊惧，寻见菩萨剜目布施，咸皆飞来，侧塞虚空，散诸华香，而用供养，赞言：“善哉！大王所作，甚奇甚特。”天帝前问：“实为奇特能作是事，欲求何报？”王答言曰：“不求魔梵，四王帝释转轮圣王三界之乐。以此功德，誓求佛道，度脱众生，至涅槃乐。”天帝复问：“汝今剜眼，苦痛如是，颇有悔退瞋恚不耶？”王言：“不悔！亦不瞋恨。”天帝复言：“我今观汝，血出流离，形体战掉，言不悔恨，此事难信。”王即自誓：“我剜眼施，无悔恨意，用求佛道，会当得成，审不虚者，令我两眼平复如故。”王誓已讫，两眼平完，明净彻视，倍胜于前。诸天人民，一切大会，称庆喜踊，不能自胜。王语婆罗门：“今与汝眼，令汝得视，后成佛时，复当令汝得慧眼见。”将婆罗门，入宝藏中，恣取一担，发遣去还到本国。波罗陀跋弥，自出迎之，已见先问：“得眼不耶？”答言：“得眼，我今用视。”复问言曰：“彼王今者，为存为亡。”答言：“诸天来下，寻即誓愿，眼还平复，眼好于前。”波罗陀跋弥以闻此语，恼闷愤结，心裂而死。